Carlo Sansotta

la fisica della pasta al pomodoro

un po' di fisica e qualche curiosità
del piatto italiano più tradizionale

La fisica della pasta al pomodoro
di Carlo Sansotta
ISBN: 978-1-4710-9954-0
© 2021- Carlo Sansotta
I edizione agosto 2021

indice

Premessa..3

Un piatto di pasta al pomodoro.......................................7
    la preparazione..7
    mettiamo l'acqua sul fuoco...11
    hai messo il sale?...15
    intanto che l'acqua si scalda, affettiamo la cipolla.................19
    sul fuoco!...26
    l'acqua bolle!..30
    l'acqua continua a bollire! Li metto interi o li spezzo?..........35
    come ti piacciono, al dente o ben cotti?...................37
    la pasta (finalmente!) è pronta..................................43

Bibliografia/sitografia essenziale..................................45

Premessa

I più disattenti potranno distrattamente chiedersi: "cosa c'entra la Fisica con la pasta al pomodoro? Ah, già: probabilmente ha a che vedere con l'ebollizione dell'acqua, la trasmissione del calore e cose simili..."

Niente di più sbagliato!

Come ci hanno insegnato dalle scuole elementari, ogni oggetto che ci circonda è fatto di materia; la materia può essere sottoposta ad azioni tali che arriva anche a cambiare la propria forma o la consistenza di come si presenta; in alcuni casi può modificarsi intimamente, addirittura diventando un'altra sostanza, e non sempre questo processo funziona anche in senso inverso (pensate, per esempio, alla legna che diventa cenere).

Quando tutto questo avviene, lo fa perché alla base si manifestano dei processi che, tecnicamente, vengono definiti "di trasformazione". L'insieme di tutti questi processi sono

oggetto specifico di studio della Fisica e della Chimica, per cui le relative trasformazioni vengono anche definite, rispettivamente, "trasformazioni fisiche" o "trasformazioni chimiche". Noi ci occuperemo solo delle prime, ovviamente, con qualche cenno alle seconde -se necessario- e vedremo che la Fisica è coinvolta in tutto il processo che si sviluppa per arrivare ad ottenere quel bellissimo, profumato, colorato ed invitante piatto che chiamiamo "pasta al pomodoro". Non sono processi semplici, ne' immediati, e coinvolgono tutto il procedimento, dal grano fino all'impiattamento. Anche se non ce ne rendiamo conto, quando cuciniamo un "semplice" piatto di pasta al pomodoro facciamo un abbondante ricorso alla Fisica e mettiamo in pratica dei concetti straordinari e, per certi versi, rivoluzionari. Dunque la Fisica non c'entra solo con la trasmissione del calore ma riveste un importante ruolo in ogni passo dell'intero processo ed il conoscere questi fenomeni ci arricchirà sicuramente.

Tuttavia va precisato che, al di là del mero aspetto fisico in senso stretto, il conoscere questi processi non ci servirà a cambiare il nostro tenore di vita (non ci renderà ricchi in senso economico!), ma ci aiuterà senz'altro a comprendere meglio come funzionano le cose e, non ultimo, a sfruttare meglio i materiali, gli strumenti e gli ingredienti che abbiamo disponibili per ottenere il risultato finale. D'altronde la definizione formale della Fisica è "lo studio e la descrizione dei fenomeni naturali", e tale studio certamente non può essere fine a se stesso ma può, e deve, essere sfruttato per raggiungere in maniera ottimale il risultato che ci proponiamo come obiettivo.

Infine una precisazione: sebbene l'intento di queste pagine sia di mettere in risalto la parte fisica coinvolta, di quando in quando verrà inserita anche qualche curiosità, non

sempre scientifica in senso stretto, per avere maggiore contezza in merito a ciò di cui stiamo parlando o che stiamo preparando. Inoltre l'aspetto scientifico non verrà portato avanti con noiosissime ed ermetiche elucubrazioni tecniche o con complicate equazioni matematiche, ma, anzi, si cercherà volutamente di essere il più possibile semplici e discorsivi, col rischio di essere a volte un po' (troppo?) superficiali sull'argomento. Di fatto, sebbene qualche approfondimento tecnico sia senz'altro presente, per una trattazione fisica rigorosa e completa si rimanda ad altri testi ed altre sedi. Qui ci si limita a prendere contezza che la Fisica c'entra, eccome, con la pasta al pomodoro, ma alla fine vogliamo solo preparare un buon piatto di pasta, con la curiosità di sapere "come funziona" e "com'è fatto", ma senza la pretesa di fare una trattazione fisica completa ed esauriente.

Un piatto di pasta al pomodoro

la preparazione

Di solito si inizia illustrando la ricetta. Gli ingredienti e le proporzioni effettive possono variare a seconda dei propri gusti e/o abitudini, così come il procedimento nello specifico, ma saremo senz'altro tutti d'accordo che in linea di principio ingredienti e procedimento siano sostanzialmente quelli descritti. Vediamoli, dunque.

Ingredienti:
- spaghetti
- pomodori
- cipolla
- basilico
- olio Extra Vergine di Oliva (o olio EVO, come ormai si dice tra gli addetti ai lavori ed i *fan* più sfegatati)
- sale.

Procedura: mettiamo a bollire abbondante acqua salata ed intanto laviamo e tagliamo grossolanamente i pomodori; tagliamo la cipolla a fettine sottili e la facciamo rosolare leggermente in una padella con un filo di olio; aggiungiamo i pomodori, regoliamo di sale e facciamo cuocere per almeno una decina di minuti, quindi aggiungiamo il basilico. Quando l'acqua bolle aggiungiamo la pasta, la mescoliamo frequentemente per non farla ammassare ed assaggiamo di tanto in tanto fino a raggiungere il grado di cottura desiderato. Versiamo la pasta cotta in una ciotola adatta, aggiungiamo il sugo, mescoliamo bene e serviamo.

Fatto!

La domanda a questo punto potrebbe essere: in quale parte si inserisce la Fisica?

Ebbene una domanda così formulata è sbagliata! La vera domanda che dovremmo farci è: in quale parte *non* si inserisce la Fisica?

Non solo: se vogliamo essere davvero pignoli, quello che abbiamo appena descritto come procedimento soffre di alcune "ingenuità" dovute all'abitudine di utilizzare nel linguaggio comune alcuni termini tecnici senza però saperne, o distorcendone, il vero significato tecnico. Al momento giusto approfondiremo anche questo aspetto. Ma ora andiamo per ordine e seguiamo passo passo la ricetta.

Quando diciamo che *mettiamo a bollire l'acqua* in verità mettiamo in moto un meccanismo di trasferimento dell'energia il cui effetto finale è di innalzare la temperatura dell'acqua fino all'ebollizione, che identifica il momento in cui l'acqua passa dall'essere un liquido a diventare un vapore (*vapore*, non gas!). Come avviene tutto ciò?

Il punto di partenza è il fornello che utilizziamo: qualunque sia la tecnologia scelta (a gas, a legna, ad induzione, etc.) sostanzialmente l'energia (sotto forma di calore) viene trasferita dal fornello stesso alla pentola. Tuttavia, a seconda della tecnologia scelta, il trasferimento dell'energia termica può avvenire per conduzione (nel caso di fornelli ad induzione – attenzione al gioco di parole!) o per irraggiamento (nel caso di fornelli a gas od a legna). Quale tra i due è più efficiente? Ovvero: meglio usare fornelli ad induzione od a gas/legna?

Sicuramente è meglio fare prima una precisazione: ne vogliamo parlare dal punto di vista dello chef, dal punto di vista fisico o da quello economico?

Probabilmente uno chef preferisce un fornello a gas, che si può ben regolare dal punto di vista della "potenza" (fiamma forte, fiamma debole, ...); si può facilmente immaginare, inoltre, che una cottura elaborata o fatta di piccoli tempi in successione e temperature variabili, eseguita su un fornello a legna, sia di difficoltosa gestione, mentre la cottura ad induzione sia per molti versi pratica e sicura ma per altri limitativa. Dunque si può ragionevolmente ipotizzare che per uno chef, soprattutto se "creativo", un fornello a gas possa essere la scelta primaria.

Guardando la fisica coinvolta, invece, le cose cambiano un po' aspetto: un fornello a gas emette per irraggiamento la gran parte della sua energia al di sopra di esso (all'incirca l'80%, ma non esattamente solo in linea verticale: diciamo, figurativamente, che è come un cono con la punta appoggiata sul fornello e la base in alto) e la restante parte nella porzione di spazio rimanente (sempre per irraggiamento); più o meno possiamo ipotizzare una geometria simile anche se il combustibile sia la legna al posto del gas (anche se, a seconda della configurazione geometrica utilizzata, la percentuale può abbassarsi a circa il 70% nel cono descritto prima). Un fornello ad induzione, invece, emette la sua energia per contatto diretto tra la sua superficie e quella del contenitore (la pentola) che viene appoggiato su di esso. Tanto migliore sarà il contatto con la superficie d'appoggio e tanto più efficiente sarà la conduzione del calore, che viene veicolato solo per questa via, dunque all'incirca maggiore del 90% (non sono valori esatti, perché molte variabili possono influenzare il calcolo finale; tuttavia i valori esatti non sono di nostro interesse primario, quindi facciamo i conti approssimativi).

Dal punto di vista economico, infine, il costo d'esercizio di un fornello a gas od a legna è decisamente inferiore a quello ad induzione (che funziona essenzialmente grazie alla corrente elettrica di casa), per cui se ne deduce facilmente che la scelta migliore può essere il fornello a gas.

In definitiva: quale di queste tecnologie è la migliore? Come scritto prima (e come diceva "quelo"), la risposta risiede dentro noi stessi: dipende se siamo "creativi" o se guardiamo di più all'aspetto tecnico o economico. Dunque la risposta migliore che si può dare è: "dipende". In questo, come in tutti i casi simili, non esiste qualcosa che è migliore in assoluto, ma tutto è relativo allo scopo ed al metodo che abbiamo in mente.

mettiamo l'acqua sul fuoco

Indipendentemente dalla scelta del tipo di fornello, chiunque sa che quando scaldiamo la nostra pentola d'acqua sul fuoco dopo un certo tempo l'acqua comincia a bollire.

Facciamoci allora una domanda: come mai l'acqua bolle?

Ovvero: cos'è l'ebollizione? Perché avviene? Cosa e come avviene?

Siamo di fronte ad un fenomeno fisico straconosciuto ma, onestamente, misteriosissimo per la maggior parte di noi. Vediamo di capirci qualcosa.

Finchè non cambiamo in qualche modo lo stato di *equilibrio* intorno a noi, ogni oggetto è in armonia con tutto ciò che lo circonda. Anche la nostra pentola d'acqua è in armonia con l'ambiente in cui è immersa (il fornello – spento –, l'aria intorno a sé, la cucina e così via), determinando un equilibrio che, nel nostro caso, definiamo *equilibrio termico* perché vogliamo interessarci solo (o prevalentemente) all'aspetto termico. Se cambiamo o alteriamo qualcosa, invece, succede che tutti gli altri componenti dell'ambiente tentano di compensare il cambiamento, per riguadagnare l'armonia perduta. Così, se accendiamo il fornello, alteriamo l'armonia dell'insieme (o, come si dice in fisica, *introduciamo una perturbazione nell'armonia del sistema*) ed i componenti dell'ambiente tentano di recuperare l'armonia perduta.

Il fuoco trasferisce la sua energia (di tipo termico) alla pentola e questa, poi, all'acqua, ma per farlo altera lo stato di equilibrio. La pentola, l'acqua, l'aria e tutto il resto attorno al fornello tentano di compensare il cambiamento per riguadagnare l'armonia. Il risultato è che tutti i componenti (la pentola, l'acqua, l'aria, etc.) compensano aumentando la loro temperatura, cioè incamerando al proprio interno l'energia trasmessa dal fornello, per così dire. Ma la temperatura non può aumentare a dismisura senza provocare qualche cambiamento evidente.

Volendo fare una sorta di graduatoria, tra tutti gli elementi che circondano il fuoco, l'elemento più *fragile* è l'aria: se osserviamo con attenzione, notiamo infatti che nell'aria attorno al fornello abbiamo provocato una *perturbazione*, visibile attraverso quel leggero tremolio dell'immagine nei dintorni immediati della fiamma (è un fenomeno ottico di rifrazione dell'immagine; è sempre argomento di fisica, ma non lo approfondiamo in questa sede perché ci porterebbe troppo fuori tema).

Il secondo elemento più *fragile* è l'acqua, che è contenuta e schermata dalla pentola. Man mano che la pentola (contenitore) aumenta la sua temperatura cede per conduzione il suo calore all'acqua (contenuto), che aumenta a sua volta la propria temperatura. A furia di aumentare, questa arriverà ad un punto critico: la temperatura a cui avviene il passaggio di fase (la *fase* è lo stato in cui si trova la materia: solido, liquido o aeriforme). E' qui che avviene l'ebollizione: l'acqua continua ad assorbire il calore, ma aumentando l'assorbimento di calore non riesce più ad utilizzarlo semplicemente per alzare la propria temperatura e cerca di dissipare l'eccesso di energia cambiando la sua fase e diventando vapore. Finché tutta l'acqua non diventa vapore la temperatura non si alzerà più.

Quando l'acqua ha raggiunto questo punto critico, al suo interno avviene una lunga serie di stravolgimenti. In particolare, a causa della rottura di alcuni legami tra le particelle più piccole della materia, si formano delle piccole bollicine di gas (*gas*, non vapore!) sul fondo della pentola. L'aumento della temperatura contribuisce a far aumentare il volume di queste bollicine, finché non sono abbastanza grandi da vincere la forza che li tiene legati al fondo della pentola e cominciano il loro viaggio verso l'alto (verso la superficie dell'acqua). Il valore della grandezza delle bolle per viaggiare verso la superficie libera dell'acqua dipende da un principio che si chiama "Principio di Archimede": è lo stesso che permette alle pesanti barche di galleggiare ed invece lascia andare le leggere pietre sul fondo dello stagno. In senso più tecnico: l'aumento di volume delle bollicine fa diminuire la loro densità; appena questa diventa abbastanza piccola, le bollicine sono abbastanza leggere da vincere la forza di gravità (che invece le vorrebbe ancorate sul fondo della pentola) tramite una forza che si chiama Spinta di Archimede.

Tutto questo avviene molto velocemente e l'effetto finale è quel gorgogliare nella pentola che noi chiamiamo "ebollizione". Finchè vediamo l'acqua bollire nella pentola abbiamo due certezze: la sua temperatura rimane costante (e, al livello del mare ed in condizioni standard di pressione, questo significa che rimane a 100 °C) e l'ebollizione continuerà finché tutta l'acqua non sarà stata trasformata in vapore (se non perturbiamo ulteriormente il sistema, ad esempio spegnendo il fornello od aggiungendo acqua fredda, ovviamente).

Conclusione pratica di tutto il discorso: abbiamo contezza di quale sia la temperatura dell'acqua anche se non usiamo un termometro. Non solo: sappiamo anche, se dimentichiamo la pentola d'acqua sul fuoco accesso, che presto o tardi l'acqua finirà e la pentola si brucerà. Occhio, dunque!

Come nota a margine è utile evidenziare che la mancata variazione di temperatura non avviene solo durante il processo di ebollizione, ma anche durante qualunque cambiamento di fase. Quindi anche il ghiaccio che si scioglie sta eseguendo una transizione di fase, dallo stato solido a quello liquido, ma a differenza dell'ebollizione lo fa a 0 °C invece che a 100°C. Anche in questo caso sappiamo per certo che la temperatura dell'acqua (o, se preferite, del ghiaccio) rimarrà a 0 °C finché tutto il ghiaccio sarà sciolto. Ricordiamocene, perché questa cosa potrà esserci utile in molte situazioni, non solo in cucina. Ad esempio: secondo voi a cosa serve il ghiaccio nei cocktail?

hai messo il sale?

Ora che sappiamo come e perché l'acqua bolle, potremmo domandarci se è più corretto mettere il sale in pentola insieme all'acqua fredda, quando l'acqua si è scaldata un po' oppure al momento dell'ebollizione vera e propria, così come sarebbe utile sapere se è meglio metterlo prima o dopo aver messo la pasta nell'acqua.

In verità non ha alcuna importanza: prima o dopo l'ebollizione o la pasta, in acqua fredda o calda, l'importante è aggiungerlo!

Il sale sodico dell'acido cloridrico, o cloruro di sodio, che altri non è se non il nome tecnico del comune sale da cucina, si scioglie abbastanza rapidamente in acqua sia calda che tiepida e, se non dovesse sciogliersi del tutto, ci penseranno i moti convettivi (cioè quei movimenti all'interno del fluido che agitano l'acqua ben prima della sua ebollizione e dovuti alle variazioni di densità tra i vari strati di acqua nella pentola, come scritto prima) a mescolare quel tanto che basta per farlo sciogliere completamente. Una volta sciolto (tecnicamente: una volta ottenuta la soluzione in acqua), il sale non mantiene la *memoria* del tempo in cui è stato aggiunto o della temperatura al momento dell'aggiunta, così come l'acqua d'altronde, pertanto è assolutamente ininfluente il momento in cui lo si aggiunge.

Nella vita di ogni giorno, invece, ci sono molti miti, leggende e luoghi comuni a proposito del sale in cucina: uno dei più difficili da far cadere recita che il sale marino è più salato del sale di miniera (salgemma). Dal momento che il sale, indifferentemente quello marino, di miniera o industriale, è costituito al minimo al 99% da cloruro di sodio (il resto sono eventuali impurità), ovviamente questo tipo di affermazione non può essere confermata. L'idea nasce senza dubbio dal fatto che i cristalli più grossi ed irregolari del sale marino rispetto al sale di miniera si sciolgono rapidamente sulla lingua dando un'impressione acuta di un immediato sapore salato, cosa che non fanno i cristalli più piccoli e regolari ottenuti con processi di raffinazione più rapidi (perlopiù industriali). L'idea che il sale marino sia più salato fa pensare a molti che ne vada usato meno nelle pietanze (questa non è una cattiva idea, ma dal punto di vista nutrizionale, non fisico!). Poiché i suoi cristalli sono generalmente più grossi e si compattano di meno, ovviamente un cucchiaino di questo sale finisce per contenere meno sodio. Per avere un'idea più precisa di questo, immaginate di mettere delle palline di plastica dentro un contenitore: se sono grandi ne entrano poche e resta molto spazio vuoto, ma più sono piccole e più ne entrano lasciando libero sempre meno spazio vuoto, proprio perché gli spazi vuoti vengono sfruttati meglio. A parità di peso, tuttavia, non vi è alcuna differenza tra i vari tipi di sale, in quanto ogni grammo di cloruro di sodio è salato esattamente come qualsiasi altro, fino o grosso che sia. E lo stesso ragionamento può essere fatto con tutta la serie di prodotti commerciali che sono venuti alla ribalta negli ultimi anni: il sale rosa dell'Himalaya, il sale grigio dell'Atlantico, il sale rosso delle Hawaii, etc.

Morale della storia: non fidatevi troppo del cucchiaino o della misura *ad occhio* per misurare la quantità di sale, soprattutto se avete cambiato tipo o marca: usate la bilancia, ormai tutte le bilance da cucina sono elettroniche ed abbastanza precise quando pesano "al grammo", tanto vale sfruttarle.

Un altro mito sul sale da cucina, difficile da scalzare, riguarda il fatto che mettere il sale nell'acqua prima di mettere la pasta acceleri il tempo di ebollizione e di cottura della pasta stessa. Avendo cognizioni elementari di fisica e chimica, infatti, è facile dedurre che aggiungere il sale nell'acqua per bollire la pasta faccia aumentare la densità dell'acqua e, dal momento che la temperatura d'ebollizione dipende anche dalla densità del liquido, questa manovra provochi un aumento della temperatura di ebollizione, con la conclusione che l'acqua bollirà a temperatura più alta e la pasta cuocerà più in fretta. In effetti il ragionamento, in linea di principio, non fa una piega: si chiama "innalzamento ebullioscopico"; tuttavia la Fisica ci insegna che occorrono circa 58 g di sale per ogni litro d'acqua per avere un innalzamento di circa 0,5 °C e, facendo pochi calcoli, si deduce che aggiungere 20 g di sale da tavola (circa un cucchiaio) a 5 litri di acqua per cuocere mezzo chilo di pasta (quindi: una normale dose di sale per cuocere la "nostra" pasta) farà aumentare il punto di ebollizione di 0,4 centesimi di grado centigrado (si, avete letto bene: 0,004 °C). Facendo una simulazione in condizioni "ordinarie", questo accorcerebbe il tempo di cottura di circa 0,5 secondi. D'accordo che il tempo è denaro, ma questi intervalli di tempo non fanno parte del senso comune per un essere umano "normale", soprattutto in cucina.

Un altro mito ricorrente ci dice che, quando si scioglie il sale nell'acqua per la pasta, si genera un calore immediato, evidenziato da un improvviso bollore, e questo accelera l'ebollizione dell'acqua nel suo complesso. Purtroppo, invece, il sale non libera calore quando viene disciolto nell'acqua, ancorché già calda, piuttosto ne assorbe una certa quantità, per quanto minima. Se provate ad osservare direttamente, tuttavia, noterete che aggiungere il sale all'acqua provoca effettivamente un immediato bollore. L'aumento di temperatura , però, non c'entra nulla: questo è dovuto al fatto che il sale (ma lo farebbe qualunque particella solida immersa nell'acqua) fornisce alle bolle in formazione nuovi siti di generazione (in linguaggio tecnico: *siti di nucleazione* per la liberazione di vapore o gas, ovvero *bolle violente*; lo stesso effetto lo avrete se mettete zucchero nell'aperitivo o alcune famose caramelle in una bevanda tipo cola). Nulla a che vedere con la temperatura dell'acqua, dunque, ma solo qualcosa che è legato alla solubilità grazie alle leggi di Henry, di liceale memoria.

In ultimo una curiosità sul sale: recentemente alcuni sedicenti blogger "all'avanguardia" hanno scritto che senza dubbio è migliore il sale appena macinato piuttosto che quello macinato già pronto di cui di solito ci serviamo, ovvero è meglio utilizzare il sale grosso da mettere in un macinasale piuttosto che usare il sale fino bell'e confezionato. L'idea si ispira probabilmente al fatto che il pepe macinato fresco (come anche il caffè) è effettivamente migliore di quello già macinato, quindi perché non dovrebbe essere così anche per il sale? Peccato però che, diversamente dal pepe o dal caffè, il sale non contenga olii aromatici volatili, che vengono liberati durante la macinatura. Il sale non è altro che cloruro di sodio solido: un pezzo piccolo ("fino") è assolutamente identico ad uno grosso e contiene esattamente le stesse cose. Dunque macinarlo al momento o usarlo già macinato non pregiudica affatto la sensazione organolettica del sale. Ma volete mettere l'impressione sui nostri commensali, se maciniamo il sale invece che prenderlo col cucchiaino?

intanto che l'acqua si scalda, affettiamo la cipolla

Intanto che ragioniamo sull'ebollizione, l'acqua si sta scaldando e dobbiamo pensare al sugo! Di solito si inizia affettando la cipolla in fettine sottili od a cubettini e poi la si mette ad imbiondire in un filo d'olio. E qui cominciano i dolori. Anzitutto dovete scegliere il coltello giusto, altrimenti affettare la cipolla diventa un'impresa (od un disastro, scegliete voi). E poi: riuscite ad affettare una cipolla senza piangere? Vediamo di capire qualcosa e scoprire cosa c'entra la Fisica anche qui.

Domanda apparentemente banale: vi è mai capitato di affettare con il coltello messo al contrario, cioè usando il lato più spesso e non affilato piuttosto che quello affilato? Se si, avrete notato che si può affettare lo stesso (almeno quasi sempre, naturalmente dipende anche da cosa volete affettare), ma il risultato è quasi sempre fallimentare, anche se, perlomeno, salvate le vostre dita: fette "mostruose", dispersione in ogni dove sul piano di lavoro, fatica non trascurabile, ...

Il motivo è che il coltello non deve essere usato come fosse una *zappa per affettare*, anzi nelle condizioni ideali sul coltello non dovrebbe essere fatta alcuna forza, oltre al suo peso, perché non è la forza che determina un affettare "perfetto". Contrariamente al senso comune, la grandezza fisica che interviene in questo caso non è la forza che possiamo imprimere al coltello, ma la pressione che agisce su ciò che stiamo affettando. Fisicamente parlando, la pressione è il rapporto (se preferite: la divisione, in senso numerico) tra la forza impressa e la superficie dove la forza stessa viene applicata; questo significa (dal punto di vista matematico) che tanto maggiore è la forza applicata tanto maggiore sarà la pressione (a parità di superficie d'applicazione), ma anche tanto minore è la superficie di appoggio del coltello e tanto maggiore sarà la pressione (a parità di forza, questa volta). Allora tutta l'abilità starà nel fare il *filo* della lama il più possibile sottile (l'affilatura!), in modo da rendere la superficie la minima possibile per massimizzare l'effetto della forza applicata. In queste condizioni la lama del coltello si comporta come un cuneo, che è un dispositivo (una "macchina fisica") capace di sfruttare il vantaggio meccanico di convertire piccole spinte di forza longitudinali in grandi forze laterali, ovvero di trasformare la forza "di pressione" in forza "di separazione". In altre parole, la forma della lama è tale per cui mentre noi spingiamo verso il basso (azione di pressione) questa produce una spinta laterale (azione di separazione) sui due lati del materiale sottoposto all'azione del taglio, spinta che produce la separazione in due pezzi del materiale stesso. Complicato? Non troppo, dai!

A questo punto diventa chiaro che come "trucco" per avere un buon taglio (il "taglio perfetto") non serve esercitare una grande forza ma avere una buona affilatura, perché quello che serve è ottenere una grande pressione e la pressione è tanto maggiore quanto minore è la superficie sulla quale la stessa forza si distribuisce. Dunque: meno forza e più affilatura.

Naturalmente è altrettanto chiaro, a questo punto, che occorre controllare periodicamente il grado di affilatura dei propri coltelli. Non avete mai avuto l'impressione che alcune lame restino affilate più a lungo di altre? Il motivo di questo risiede nel materiale con cui sono fatte: l'ideale è l'*acciaio*, che è una lega ottenuta dal ferro con l'aggiunta di una certa quantità di carbonio. Se il carbonio è poco si ottiene una lega diversa dal ferro che prende il nome di *ferro battuto* (molto duttile, facile da lavorare per fare lampadari o suppellettili di vario genere), se è maggiore di quel che serve si ottiene un'altra lega che si chiama *ghisa* (poco deformabile, più duro da lavorare, molto resistente al trauma da impatto, usato perlopiù per fare statue, bitte e quant'altro). Se poi aggiungiamo anche qualcosa di cromo otteniamo un'altra lega che chiamiamo *acciaio* particolarmente resistente all'ossidazione; se il cromo è un po' più di quel che serve la lega si chiama *acciaio inossidabile*, anche se non è proprio vero che non si ossida, soprattutto se non lo trattiamo con la dovuta cura (avete presente i paraurti delle macchine anni '60-'70 del secolo scorso? Belli cromati e belli arrugginiti).

Insomma, come cantava Neil Young negli anni '80 del secolo scorso, *"don't forget that rust never sleeps"* (*"non dimenticare che la ruggine non dorme mai"*).

Risolto il "problema" del coltello, resta da capire perché affettare la cipolla ci fa piangere così tanto, senza che c'entrino motivi affettivi.

La comune cipolla che adoperiamo in cucina è una pianta appartenente al genere *Allium*, alla specie *Allium cepa*, e fa compagnia ad altre piante come i porri o l'aglio che appartengono alla stessa famiglia e che, come lei, hanno sapori particolari e piuttosto ricercati; questo è anche il motivo per cui non solo la cipolla ma anche i suoi "fratelli" e "cugini" ci fanno piangere o comunque ci danno irritazione agli occhi. Della pianta noi mangiamo essenzialmente il tronco, il fusto e/o una protuberanza carnosa che si trova alla base della pianta. Il meccanismo tramite il quale la cipolla fa lacrimare i nostri occhi è essenzialmente un sistema difensivo della pianta stessa: non potendo scappare in caso di attacco, liberare sostanze lacrimogene quando un animale tenta di mangiarle significa poter sopravvivere e, inoltre, queste sostanze hanno anche azione antibatterica e antifungina, dunque sono sostanze importanti anche per la sopravvivenza della stessa pianta.

Dal punto di vista puramente meccanico, quando affettiamo una cipolla tagliamo anche le membrane delle cellule con cui è fatta; questa operazione attiva un enzima, che si chiama *allinasi*. Non è una cosa strana: anche noi *umani*, quando ci feriamo, provochiamo l'attivazione immediata di enzimi difensivi che avviano il processo di riparazione dei tessuti. Gli enzimi della cipolla, invece, trasformano una molecola di difesa, presente in grandi quantità nella cipolla, l'*isoallina*, detta anche *precursore lacrimogeno*, in una seconda sostanza, l'*acido sulfenico*, che successivamente si trasforma nelle due forme di *propantial-S-ossido*, che sono i fattori lacrimogeni veri e propri. Questi sono composti molto volatili e molto idrosolubili, ovvero tendono a disperdersi facilmente in aria ed hanno una forte disponibilità ad entrare in soluzione, cioè a sciogliersi nell'acqua. Quando raggiungono i nostri occhi risultano molto irritanti per la nostra cornea e, di conseguenza, viene stimolato un meccanismo di difesa del nostro occhio che consiste nell'aumento della lacrimazione, nel tentativo di diminuire la concentrazione del prodotto irritante per sopire l'effetto irritante stesso. Ma stimolando la lacrimazione, poiché sono molto solubili, più lacrimiamo e più tenderanno ad andare in soluzione, dato che le lacrime sono composte essenzialmente da acqua. Si instaura, pertanto, una sorta di circolo vizioso: più affettiamo e più lacrimiamo, ma più lacrimiamo e maggiore sarà l'effetto irritante che ci porta a lacrimare ulteriormente.

Come ne possiamo uscire? Se per spiegare il meccanismo d'azione abbiamo fatto ricorso anche ad alcuni concetti di biochimica, per trovare un rimedio al problema possiamo rivolgerci direttamente alla sola fisica. Ma cerchiamo di sfatare alcuni luoghi comuni e leggende anche in questo campo.

Se provate a chiedere alle vostre conoscenze quale rimedio adoperino per evitare di piangere quando affettano una cipolla ne sentirete di ogni tipo: c'è chi parla di mettere una candela accesa accanto al piano di lavoro, chi di masticare molliche di pane, chi ancora suggerisce di tenere acqua in bocca senza deglutire mentre si procede ad affettare la cipolla, o anche di tenere in bocca una fettina di limone o dello zucchero. Insomma, tutte cose più o meno esoteriche, ma funzioneranno poi davvero?

In verità, visto che adesso sappiamo che la sostanza irritante è estremamente volatile, la cosa che dovrebbe essere più intuitiva e semplice da fare dovrebbe essere di lavorare in un ambiente adeguatamente ventilato, ma questo potrebbe significare lavorare in mezzo ad una corrente d'aria che potrebbe rivelarsi non esattamente piacevole, se non addirittura fonte di problemi. Un po' di ventilazione è sempre consigliabile, ma è meglio non esagerare.

Allora, anche se potrebbe sembrare bizzarro, una soluzione pratica che risulta essere efficace può consistere nell'indossare gli occhialini da nuotatore: isolando gli occhi dal contesto ambientale, eliminiamo, o almeno riduciamo molto fortemente, la possibilità che gli enzimi di cui scrivevamo prima vengano a contatto con la cornea ed eliminiamo il problema alla radice. Ma anche questa soluzione non sempre è possibile: provate a mettervi gli occhialini in una cucina in funzione a pieno ritmo e presto si appanneranno, portandovi a toglierli o, in alternativa, a correre il rischio concreto di tagliare le vostre dita invece delle cipolle.

Come risolvere, dunque? E' stato scritto prima che queste sostanze irritanti sono *idrosolubili*; la fisica ci insegna che le molecole d'acqua sono *polari* (infatti sono dette anche *dipoli*), cioè presentano una distribuzione asimmetrica delle cariche elettriche per cui, senza scendere troppo nel dettaglio, presentano un polo positivo (dove scarseggiano gli elettroni, che sono carichi negativamente) ed un polo negativo (dove invece gli elettroni abbondano); questa particolarità fa si che l'acqua sia il "solvente perfetto", cioè tenda a legarsi con (quasi) qualsiasi cosa. Allora, sfruttando questa proprietà, è sufficiente usare l'acqua invece delle lacrime per far "legare" le sostanze irritanti, ed è meglio farlo prima che queste ultime possano raggiungere i nostri occhi.

In termini semplici: sarà sufficiente affettare le nostre cipolle vicino ad un rubinetto da cui esce un filo d'acqua o vicino ad una bacinella riempita d'acqua, bagnando di quando in quando la lama del coltello. L'ideale sarebbe affettarle direttamente sotto l'acqua corrente, ma questa non sarebbe una buona soluzione dal punto di vista dello spreco d'acqua, specialmente se le cipolle da affettare sono tante.

Se non possiamo o non vogliamo usare l'acqua, possiamo anche sfruttare un'altra proprietà: dato che gli enzimi sono tanto più attivi quanto più alta è la temperatura, possiamo tenere le cipolle (ed anche il coltello che useremo) un'oretta in frigorifero (o 5-10 minuti in freezer) prima di tagliarle e questo ne rallenterà l'azione, così che anche se le tagliamo senza alcuna precauzione lacrimeremo senz'altro meno.

Infine, come suggerimento fisico-chimico-gastronomico per limitare a priori l'effetto lacrimogeno, conviene, se possibile, scegliere cipolle provenienti da coltivazioni a basso tenore di zolfo, come per esempio le cipolle di Tropea, che devono la loro particolarità proprio a questo fatto.

sul fuoco!

La mettiamo la padella sul fuoco per preparare (finalmente!) il sugo?

Prima cosa, versiamo un filo d'olio in padella ed accendiamo il fuoco. Ma ancora una volta dobbiamo farci alcune domande: secondo alcuni è meglio scaldare prima la padella e poi versare l'olio, secondo altri è meglio mettere l'olio (e tutti gli altri ingredienti) a freddo in padella e poi accendere il fuoco. Chi ha ragione?

A seconda della ricetta che stiamo seguendo, non sempre è possibile scegliere tra le due operazioni. Forse la domanda più corretta potrebbe essere un'altra: cosa succede quando mettiamo l'olio a scaldare?

Facciamo una doverosa premessa e chiariamo alcuni concetti a riguardo dell'olio. Tutti i tipi di olio, sebbene abbiano una composizione chimica differente, presentano delle caratteristiche fisiche comuni e sono definibili come *fluido organico, ad alta viscosità, lipofilo* ed *idrofobo*, che detto in parole semplici significa:

- *fluido organico*: è un fluido (cioè si può presentare liquido o di consistenza molliccia, simil-solido, in dipendenza della temperatura, ma non solido in senso stretto; in particolare l'olio EVO solidifica a circa 2 °C, fonde a circa 5-7 °C ed evapora a circa 210 °C; il *circa* è in dipendenza della specifica composizione chimica) che è composto da uno o più atomi di carbonio ed è, quindi, studiato dalla chimica organica (non fate l'errore che fanno tutti: *organico* non deriva dall'inglese *organic*, che invece in italiano si traduce correttamente, nel senso commerciale del termine, in *biologico*);

- *ad alta viscosità*: (circa 85 mP, cioè milliPoiseuille, un'unità di misura della viscosità dinamica) presenta una forte resistenza allo scorrimento su se stesso, caratteristica tipica che indica un forte attrito interno fra le particelle a livello molecolare che lo compongono. La viscosità ha la caratteristica che, nei liquidi, diminuisce all'aumentare della temperatura;

- *lipofilo:* che si mescola facilmente con altre sostanze grasse;

- *idrofobo*: che non si mescola, o lo fa con molta difficoltà, con l'acqua.

Inoltre, in genere, l'olio di uso comune in cucina si presenta come un liquido untuoso a temperatura ambiente, con una densità minore di quella dell'acqua (circa 0,916 Kg/dm^3 a 0 °C per diminuire fino a 0,058 Kg/dm^3 a 100 °C) e generalmente infiammabile (la sua temperatura di infiammabilità è circa 288 °C mentre quella di accensione è intorno ai 240 °C).

Il termine "olio", in cucina, si utilizza per una varietà di prodotti tutti differenti tra loro; tra i più apprezzati spicca senz'altro l'olio di oliva, nome generico con cui si definisce una varietà di prodotti differenti ma accomunati tutti perché derivanti da un'unica fonte: l'oliva. Il tipo *vergine* si ricava per sola spremitura meccanica dalle olive, mentre altri tipi merceologici si ottengono per rettificazione degli olii vergini e per estrazione con solvente dalla sansa di olive. Gli olii vergini, a loro volta, sono di diversi tipi; ordinandoli per qualità organolettiche decrescenti: *extra vergine di oliva* (spesso identificato col suo solo acronimo EVO), *olio di oliva vergine*, *olio di oliva vergine corrente* e *olio di oliva vergine lampante* (quest'ultimo non vendibile al consumatore diretto).

Una caratteristica fisica spesso presa in considerazione è il cosiddetto *punto di fumo*. Rappresenta la temperatura a cui comincia a rilasciare in maniera consistente sostanze volatili che divengono visibili sotto forma di un fumo tendente al colore azzurrino, formando, tra le altre, anche una sostanza tossica che si chiama *acroleina* ed altre sostanze più complesse; tutte queste emissioni, fastidiose per gli occhi e per la respirazione, sono classificate come "probabilmente cancerogene per l'uomo" dalla *International Agency for Research on Cancer* (IARC). Generalmente più un olio è raffinato (più trigliceridi contiene) e più alto è il suo punto di fumo. Nell'olio EVO, se l'acidità è bassa, il punto di fumo può superare i 190 °C (un buon olio EVO ha un punto di fumo intorno ai 210 °C) ma se l'acidità è abbastanza elevata può crollare ben al sotto dei 180 °C, che, ricordiamoci, è la temperatura che tutti raccomandano per friggere (adesso capite il perché?). Attenzione però: l'acidità non è il tipico pizzicore che si percepisce al palato, che invece è dovuta ai polifenoli contenuti, ma viene determinata in laboratorio e, in genere, è indicata in etichetta.

In conclusione, alla luce di quanto abbiamo appreso riguardo le caratteristiche dell'olio, è meglio scaldare prima la padella o no? Se leggiamo bene quanto è stato scritto, non c'è un'evidenza fisica che suggerisca di scaldare o meno la padella prima di mettere l'olio, quindi è ininfluente se mettiamo l'olio nella padella calda o fredda dal punto di vista fisico, mentre potrebbe non essere lo stesso dal punto di vista dello chef (mettereste a friggere una polpetta quando l'olio non è ben caldo?); l'importante è, se decidiamo di scaldare la padella, che sia scaldata e non arroventata, ma soprattutto che l'olio non sia eccessivamente freddo (lo tenete in frigo? Allora tiratelo fuori un'oretta prima) quando immergiamo le verdure per il nostro soffritto. Un'ottima possibilità a questo riguardo può fornirla un trucchetto che ha alla base anche una motivazione salutare: invece di mettere solo l'olio nella padella, aggiungiamo anche dell'acqua all'olio, più o meno in rapporto 5:1; diciamo all'incirca cinque cucchiai di acqua per ogni cucchiaio d'olio. Questo ci garantisce che la temperatura dentro la padella non supererà i 100 °C finché tutta l'acqua non sarà evaporata (ricordate il discorso sul cambiamento di fase scritto prima?). Di conseguenza il soffritto verrà eseguito ad una temperatura controllata (dalla presenza dell'acqua, che impedisce di salire oltre i 100 °C) molto al di sotto della temperatura critica ed il prodotto finale sarà più digeribile e fatto a "regola d'arte", come vuole la buona tradizione in cucina.

Una volta che il soffritto è pronto, possiamo aggiungere il resto previsto dalla ricetta per completare la preparazione del nostro condimento.

l'acqua bolle!

E' ora di mettere gli spaghetti, allora.

Ah, gli spaghetti, che bella invenzione!

Ma chi ha inventato gli spaghetti? Noi italiani siamo convinti che il merito sia nostro, i cinesi invece che sia loro. Sullo sfondo di questa diatriba, si intravede un certo Marco Polo, che salomonicamente ci raccontano aver portato dalla Cina la pasta ed averne assunto il merito della sua conoscenza e diffusione in Occidente. Ma le cose stanno davvero così? Possibile che a tutt'oggi non siamo stati in grado di attribuire una sicura paternità agli spaghetti?

A costo di sfatare un mito profondamente radicato nell'immaginario popolare, soprattutto italiano, gli spaghetti (e la pasta in generale) non sono ne' italiani ne' cinesi, sebbene quest'ultimi abbiano tutta un'altra cultura in proposito.

Riportando quanto scritto da Massimo Montanari, apprendiamo che "la leggenda secondo cui Marco Polo, sul finire del XIII secolo, al ritorno dalla Cina avrebbe fatto conoscere in Italia la pasta è un falso, perché la notizia è assente da tutti i manoscritti del Milione, dove invece si parla della farina di *sago* (amido estratto da una particolare specie di palma) che gli abitanti di Sumatra utilizzano per fare 'lasagne ed altri tipi di pasta'. L'equivoco nasce due secoli dopo, quando Giovanni Battista Ramusio, pubblicando le memorie di viaggio del mercante veneziano, fraintende e manipola il testo: trasferisce l'informazione sulla pasta di sago alla pasta in genere, facendo credere al lettore che Marco Polo ne abbia scoperto in Cina il segreto". Da allora la *fake news* continua a proliferare e diversificarsi, includendo quella di "un giornalista americano che nel 1929, sul 'Macaroni Journal', organo dell'associazione industriali della pasta, attribuisce la scoperta ad uno dei marinai di Marco Polo, il veneziano Spaghetti (!), che sceso dalla nave alla ricerca di acqua si imbatte in una contadina che sta mescolando in una ciotola un impasto semiliquido, che solidifica al clima caldo ed asciutto del Catay. Il marinaio ha un'intuizione: cibo secco, capace di durare, potrebbe essere utile nei lunghi viaggi in mare. Si fa dare un po' di quella pasta e torna sovraeccitato alla nave. Maneggia e tira l'impasto traendone dei lunghi cordoncini ed ecco, sono nati gli spaghetti, che dal loro inventore prenderanno il nome."

Tornando a parlarne seriamente, la ricerca delle origini della pasta ha spinto molti ad interessarsene, ed oggi sembra ormai chiaro che il tutto comincia nelle regioni mediorientali del Mediterraneo, in cui 10-12.000 anni fa prese avvio la rivoluzione agricola e con essa la cultura del grano e dei suoi derivati, primo fra tutti il pane. La pasta nacque come variante del pane, sottile, non lievitata a volte essiccata. Questo impasto sottile, steso col mattarello o lavorato a mano, i persiani del III-VII secolo lo chiamarono *lekksha*, mentre col termine *rishta* veniva indicato un tipo di pasta tagliata a striscie od a fili, come le tagliatelle o gli spaghetti attuali.

Transitata dal Medio Oriente in Europa, la pratica di stendere la pasta appare anche nel mondo greco e romano-ellenistico, dove viene chiamata *làganon* in greco o *lagana* in latino. Ma con significato ambiguo, perché in base alle descrizioni a volte sembra trattarsi di qualcosa di molto simile all'attuale lasagna, altre volte qualcosa di simile alle crêpes, gallette o simili, e non univoche erano anche le procedure di seccarla o meno e di farla bollire o meno. La pratica di seccarla fu sperimentata in particolare sulla pasta di formato lungo, che si prestava particolarmente bene soprattutto quando il prodotto era preparato col grano duro anziché con quello tenero, come in origine. E' possibile che i commercianti ebrei avessero fatto conoscere nel Mediterraneo occidentale le modalità di preparazione della pasta secca, ma furono certamente gli arabi a diffonderla in modo capillare nelle regioni da essi occupate: il Maghreb, la Sicilia e l'Andalusia.

Durante la dominazione musulmana di oltre duecento anni, a partire dal IX secolo, la Sicilia fu penetrata profondamente dalla cultura araba ed è qui che si attesta, nel XII secolo, l'esistenza di una vera e propria industria della pasta secca, la prima documentata della storia, che controlla l'intero ciclo produttivo, dalla raccolta del grano alla molitura, alla fabbricazione della pasta ed infine alla sua commercializzazione. Gli stabilimenti siciliani descritti da al-Idrisi a Trabia (località ad una trentina di chilometri da Palermo) nel suo *Libro di Ruggero* dovevano essere di notevole importanza e solidità, se fino al Cinquecento i siciliani vengono identificati con l'epiteto *mangiamaccheroni*, che solo più tardi sarà invece attribuito ai napoletani. L'attestazione siciliana apre la via all'industria pastaria italiana, prendendo piede poi in Sardegna, Genova, Pisa ed altre città commerciali costiere, fino a Napoli che, nei secoli successivi, ne prenderà anche il sopravvento.

Per quanto riguarda il nome di "spaghetti", poi, si è passati dall'originario *itriyya* di al-Idrisi (che in arabo significa "pasta secca stirata e filiforme"), da cui il termine dialettale *trija* o *tria* in uso soprattutto in Sicilia e Puglia, fino al Maestro Martino, cuoco attivo alla corte pontificia nella seconda metà del Quattrocento, il quale spiega in dettaglio come fare i *macharoni siciliani*, che possono essere anche *pertusati* (forati) con un fil di ferro "sottile come uno spago". La menzione allo *spago* si riferisce al ferro per bucare la pasta per favorirne l'essicazione, in modo che possano durare "due o tre anni" secondo il Maestro Martino. Ma un'altra ricetta di *macharoni* o "veramente tagliarini", che il Maestro Martino chiama *a la zenovese*, prevede di tagliarli "sottili più che non uno spago". E' la prima volta che la parola *spago* compare in accezione gastronomica: la via agli spaghetti è segnata, anche se bisognerà attendere la metà dell'Ottocento perché il poeta napoletano Antonio Viviani parli chiaramente per la prima volta di *spaghetti*, facendone di fatto un'icona della napoletanità e dell'identità italiana nel mondo.

Oggi la produzione della pasta è decisamente cambiata in senso industriale. L'Italia è un punto di riferimento mondiale per produzione, consumo ed export, tanto da generare circa il 3,5% del fatturato nazionale. La filiera del grano conta oggi, in Italia, circa 200.000 aziende agricole, per un impegno del territorio pari a circa 1,28 milioni di ettari e distribuzione delle aziende prevalentemente in Puglia/Basilicata (30%), Sicilia (22%) ed Emilia Romagna/Marche (15%). Della produzione italiana di quasi 4 milioni di tonnellate all'anno, poco meno della metà sono destinate al consumo interno ed il resto all'export, portando l'Italia a rappresentare il paese con il più elevato consumo pro-capite al mondo (circa 24 Kg/anno), seguiti dalla Tunisia (17 Kg/anno), dal Venezuela (15 Kg/anno), dalla Grecia (12 Kg/anno), dal Cile (9,4 Kg/anno) e dagli Stati Uniti (8,8 Kg/anno). In questa originale classifica, la Cina rappresenta un caso a se, perché il consumo di pasta è rappresentabile da una frazione trascurabile, circa qualche etto all'anno pro-capite (ricordiamoci che sono circa 1,5 miliardi di persone). Ma attenzione: si parla di pasta confezionata "all'italiana"; se parliamo di *noodles*, la questione cambia completamente aspetto e la Cina, da sola, consuma oltre la metà del prodotto mondiale confezionato e rappresenta circa il 63% del mercato globale.

l'acqua continua a bollire! Li metto interi o li spezzo?

...e qualcuno gridò al sacrilegio!

Spezzare gli spaghetti viene considerato sacrilego da molti cuochi (ma non da tutti e non sempre, in verità: pensate al minestrone, per esempio), ma per un buon piatto al pomodoro è opinione comune che non possano essere altro che lasciati interi. Noi, comunque, li spezzeremo per scopi scientifici.

In quante parti si rompe uno spaghetto? Trovare un metodo scientifico per determinare in quante parti si rompe uno spaghetto può anche sembrare a prima vista effimero, se non addirittura ridicolo, ma è stato letteralmente un mistero per la Fisica fino al 2005. Persino il premio Nobel per la Fisica Richard Feynman, unanimemente riconosciuto come il fisico più brillante del secolo scorso dopo Einstein, non è riuscito a trovare una soluzione a questo problema. Poi, nel 2005, due ricercatori francesi, Basile Audoly e Sébastien Neukirch, pubblicano un saggio su *Physical Review Letters* intitolato *Frammentazione delle aste causata da crepe a cascata: perché gli spaghetti non si spezzano a metà*, ove spiegano la loro teoria sul perché gli spaghetti non si rompono esattamente in due parti e che vale loro il *Premio Ig Nobel* nel 2006 (Il premio Ig Nobel – da pronunciarsi all'italiana come premio Ignobel – è un riconoscimento satirico sponsorizzato dalla rivista scientifico-umoristica statunitense *Annals of Improbable Research* che viene assegnato annualmente a dieci ricercatori autori di ricerche "strane, divertenti, e perfino assurde").

I problemi di tutti i giorni possono avere ripercussioni importanti per la scienza. E in questo caso, comprendere con precisione quali forze sono in azione quando spezziamo uno spaghetto è un'applicazione pratica della cosiddetta *meccanica della frattura,* una branca della *scienza dei materiali* studiata dagli ingegneri. Non è un esercizio ozioso: basti pensare alle ripercussioni che si possono avere nella *scienza delle costruzioni* sulla stabilità di ponti, palazzi e così via. Non è un caso, quindi, se il problema era stato studiato già negli anni '70 da due pionieri come Feynman e Daniel Hillis (uno dei primi scienziati a dedicarsi allo sviluppo di supercomputer), che dopo un pomeriggio di lavoro febbrile si erano trovati con una cucina piena di frammenti di pasta, le ire della moglie di Feynman e nessuna risposta sensata per il loro enigma.

Lo studio di Audoly e Neukirch, invece, dimostrò che uno spaghetto si rompe sempre in tre o più parti, tutte differenti tra loro per lunghezza. Senza entrare troppo nel dettaglio della spiegazione tecnica, hanno evidenziato che quando la curvatura dello spaghetto raggiunge un valore critico si ha la rottura in due pezzi. Questa rottura genera un'*onda di frattura* che si diffonde lungo i due pezzi ed incrementa la curvatura, generando ulteriori fratture. Ognuna di loro, a sua volta, può generare altre onde di frattura in "effetto cascata", producendo ulteriori frammenti. C'è da aggiungere che più recentemente (2018) altri ricercatori del M.I.T. sono riusciti dove Feynman aveva fallito: spezzare uno spaghetto esattamente in due è possibile, introducendo una manovra specifica di rotazione; il "trucco", secondo un'intervista rilasciata da uno degli autori del M.I.T., "consiste nell'imprimere una torsione allo spaghetto mentre lo si cerca di spezzare, ma bisogna ruotarlo con molta, molta forza".

come ti piacciono, al dente o ben cotti?

Va bene, per il nostro piatto di pasta gli spaghetti li mettiamo interi, con buona pace di Feynman e tutti gli altri. Ma subito ci viene alla mente un'altra domanda: quanto devono cuocere?

Il problema non è da poco: noi italiani siamo molto esigenti in tema di cottura della pasta e quasi maniaci della pasta "al dente", mentre sappiamo che in altre parti del mondo viene prediletta una cottura più avanzata, tale da rendere tutto lo spaghetto "ben cotto, quasi colloso", come li chiese una volta un mio carissimo amico (che però, per inciso, da allora non mangia più spaghetti con me...), additandomi per mangiare la pasta "troppo cruda, praticamente così come esce dalla confezione".

Per poter stabilire quanto devono cuocere gli spaghetti dobbiamo prima capire cosa essi siano esattamente e come avvenga la loro "cottura" (che "cottura" non è, come vedremo fra poco. Ma andiamo per ordine...).

Descriviamo gli spaghetti: fisicamente parlando, sono un particolare tipo di impasto alimentare prodotto esclusivamente a partire da farina di grano duro (ma solo per noi italiani, perché va detto, per completezza, che la legge italiana attuale stabilisce che può essere usata solo "semola o semolato di grano duro", come recita il DPR 187/2001; altre culture invece fanno uso quasi esclusivo di farine di grano tenero) ed acqua. Gran parte del loro contenuto è costituito da amido, che è un *polisaccaride* (il quale è un termine complicato per dire che è un insieme di zuccheri semplici) insolubile in acqua, è un composto organico (cioè deriva dal carbonio) ed appartiene alla classe dei *carboidrati* (che sono quei composti formati da carbonio ed acqua).

L'amido si trova in grandi quantità nei tessuti vegetali (ad esempio nei tuberi, nei cereali, nei legumi) sotto forma cristallina nei *granuli di amido*. E' indigeribile per l'uomo, pertanto, affinché diventi digeribile, è necessario che perda la struttura cristallina ed ordinata e diventi *disordinata* con le *caratteristiche di un gel*; tecnicamente il processo viene definito *gelatinizzazione*.

Il gel è un materiale *colloidale bifasico elastico*, che tradotto in parole più semplici significa: è un *colloide*, cioè una particolare miscela di materiali, una via di mezzo tra la soluzione e la dispersione, caratterizzata tra l'altro dall'avere un aspetto che ricorda da vicino l'elasticità e la consistenza della colla, da cui il nome. In questo colloide, la fase liquida risulta dispersa ed inglobata nella fase solida; insomma il liquido "abita" nella struttura costituita dal solido, che a sua volta sfrutta la *tensione superficiale* del liquido per non collassare.

Gelatinizzare significa, in pratica, ottenere un gel a partire da un'altra fase della materia. Questo può essere ottenuto con varie metodiche che, nel caso degli spaghetti, si attua grazie al riscaldamento in ambiente fortemente acquoso; in queste condizioni i granuli di amido si gonfiano, si perde la struttura cristallina (tipica dei solidi) e si formano e rinforzano i legami con le molecole d'acqua.

La gelatinizzazione dell'amido può avvenire solo oltre una particolare temperatura (dell'ordine di 50-55 °C) che viene chiamata *temperatura di transizione vetrosa* ed è necessaria anche un'adeguata quantità di acqua: all'incirca un eccesso d'acqua dell'ordine almeno del 70% in peso.

L'acqua penetra all'interno della struttura porosa e la gelatinizzazione procede dall'esterno verso l'interno del materiale (cioè: dello spaghetto). Se immaginiamo l'acqua che penetra attraverso uno spaghetto come una truppa di militari che avanza sul fronte, allora possiamo anche immaginare di definire una *velocità di avanzamento del fronte*, che ci porta a due concetti importanti: il fronte si sposta man mano che passa il tempo e (come per i militari) la resistenza che incontra può rallentarne l'avanzamento. In termini più pertinenti, l'avanzamento del fronte è comunemente chiamata *velocità di cottura*, la quale dipende dall'interazione tra amido ed acqua.

A questo punto risulta evidente perchè il termine *cottura* sia improprio e si dovrebbe parlare invece di gelatinizzazione, ma vi immaginate, per sapere se la pasta è cotta, che chiedete in cucina "la sostanza collidale è gelatinizzata?". Io no, per cui, dato che lo si usa nel linguaggio comune, verrà adoperato anche in questa sede. Altra cosa importante: l'interazione fra l'amido e l'acqua determina un effetto finale di denaturazione e coagulazione proteica del glutine (che alla fine determina anche una *qualità* della pasta) che è comunemente meglio nota come *capacità di tenere la cottura al dente.*

Riassumendo e completando, la cottura della pasta dipende essenzialmente da tre fattori: la velocità di penetrazione dell'acqua nell'impasto, la gelatinizzazione dell'amido e la denaturazione e coagulazione del glutine. Tutti e tre questi fattori sono dipendenti dalla temperatura, ma ognuno a modo suo.

La penetrazione dell'acqua nell'impasto avviene anche in acqua fredda (che va inteso come: a temperatura ambiente), però se aumentiamo la temperatura dell'acqua avviene più velocemente. La gelatinizzazione (cioè quel fenomeno per cui i granuli di amido assorbono acqua e formano un gel) nel caso del frumento avviene fra circa 60 e 70 °C. Il glutine, infine, denatura intorno a 70-80 °C.

Notiamo che tutte e tre le temperature indicate sono al di sotto della temperatura di ebollizione dell'acqua (nominalmente: 100 °C), quindi la domanda che ci poniamo è: bisogna per forza avere acqua *bollente* per cuocere la pasta?

La risposta, come avrete già intuito, è: no, è sufficiente che la temperatura dell'acqua sia almeno a 80 °C. Di converso, occorrerà più tempo per raggiungere il grado di "cottura" desiderato. La prova la potete fare direttamente voi: fate arrivare a 100 °C la temperatura dell'acqua, mettete gli spaghetti e spegnete il fuoco. Dopo un tempo leggermente più lungo del solito (ma di poco, ve lo garantisco), la pasta sarà senz'altro cotta al punto giusto, purché l'acqua non si sia raffreddata al di sotto degli 80 °C (nel qual caso, si può sempre riaccendere il fuoco sotto la pentola), con un evidente risparmio anche del gas.

A questo punto, la successiva domanda nasce spontanea: quanto tempo deve cuocere la pasta?

La risposta è tutt'altro che semplice, ma non per colpa di chissà quali complicate relazioni fisico-matematiche da considerare, ma perché non c'è uniformità di pensiero a questo riguardo. Tendenzialmente un qualunque "cittadino del mondo" tende a seguire le indicazioni poste sulla confezione di pasta riguardo al tempo per la sua cottura. Noi italiani, invece, tendiamo sempre a togliere qualcosa da quel tempo, "altrimenti viene troppo cotta", oppure perché "la devo ripassare in padella". E dal momento che i gusti sono una cosa soggettiva, quantificare esattamente il tempo di cottura diventa un'impresa che rasenta l'impossibile. Qualche produttore di pasta ha risolto elegantemente il problema scrivendo sulla confezione due tempi di cottura: uno per la pasta al dente (come la vogliamo noi italiani, ma tanto poi continueremo a sottrarre sempre qualcosa anche a quel tempo...) ed un altro per una cottura "normale". E nessuno, però, ha ancora risolto un quesito difficilissimo: qual'è il momento giusto per togliere la pasta dalla pentola e "farla saltare" in padella col sugo?

Non ostante il problema si ponga tipicamente per noi italiani, la soluzione al problema arriva da un fisico russo (che, comunque, è naturalizzato italiano...) di nome Andrey Varlamov. Egli ha notato queste incongruenze nei tempi di cottura ed ha deciso di studiare un sistema per quantificare il tempo di cottura, a partire da osservazioni sperimentali sull'effettiva cottura subìta dalla pasta e sul gradimento che essa (cotta) incontrava. Nel suo "Gastronomy Universe by eyes of physicist" (*L'universo gastronomico agli occhi di un fisico*) del 2019, insieme con Attilio Rigamonti, dopo un breve inquadramento degli argomenti nello scenario di un'attività di divulgazione della Fisica attraverso la descrizione di fenomeni che intervengono nella vita quotidiana, è passato a considerare i processi legati all'attività culinaria e, in particolare, alla cottura degli spaghetti. La sua conclusione è che si può scrivere un'equazione per calcolare il tempo di cottura degli spaghetti, ma solo in modo parametrico (cioè: con delle variabili che assumono il loro valore in un modo che dipende a sua volta da altre cose). La sua equazione della cottura è semplicissima:

$$t = ad^2 + b$$

dove t è il tempo di cottura, a è determinato dalla conduttività termica e dal coefficiente di diffusione, d il diametro degli spaghetti e b dipende... dalla nazionalità del commensale!

Ok, forse è tutto chiaro tranne che per il coefficiente a. Non preoccupatevi: è lo stesso Varlamov a dichiarare che a può essere ottenuta sperimentalmente (e così fa, in effetti), facendo dipendere questo parametro dal tipo di pasta considerata: grano duro, pasta all'uovo, etc., e costruendo una tabella in cui per ogni tipo di pasta viene assegnato un valore numerico ad a.

La cosa più singolare dell'equazione ottenuta è che viene tenuta in esplicita considerazione la nazionalità di chi la mangerà: in genere varrà 0 (zero) per cuocerla in modo "normale", un valore positivo per la popolazione nordamericana o nordeuropea e varrà invece un numero negativo per la popolazione italiana. Tradotto in linguaggio fuori dai numeri, occorrerà aggiungere del tempo per le popolazioni nordamericane e nordeuropee, mentre bisognerà togliere del tempo se la pasta è destinata agli italiani, non togliere e non aggiungere per le altre popolazioni.

la pasta (finalmente!) è pronta

Abbiamo impiegato un po' di tempo, ma alla fine abbiamo visto la maggior parte della Fisica alla base del nostro amato piatto di pasta, anche se non abbiamo esplorato proprio tutti gli aspetti perché l'intento di questo volumetto è divulgativo e non tecnico-scientifico.

Comunque, a questo punto, dovremmo possedere un po' più di contezza della "scientificità" del nostro beneamato piatto nazionale ed essere coscienti che un buon piatto di pasta non viene per magia ma in base a poche ma ben precise regole. Probabilmente avremo anche imparato che nulla è per caso ma tutto ha una sua ragione di essere. Se vogliamo avere un piatto finito ben realizzato non è sufficiente mettere insieme gli ingredienti, occorre assemblarli con un minimo di conoscenza e di tecnica alla base. Con un po' di fantasia possiamo anche fare qualche rielaborazione creativa, ma l'importante è sapere che anche se non conosciamo proprio tutti gli aspetti tecnici, alla base anche delle cose più semplici, non riusciremo mai a realizzare qualcosa di valido.

Buon appetito!

Bibliografia/sitografia essenziale

- Robert L. Wolke: Einstein al suo cuoco la raccontava così, Feltrinelli, 2010

- Dario Bressanini: Pane e bugie, Chiarelettere editore, 2010

- F. Ronald Young: Bolle, gocce, schiume, Raffaello Cortina Editore, 2012

- Emiliano Ricci: La Fisica in casa, Giunti, 2013

- Andrey Varlamov, Attilio Rigamonti: Gastronomy universe by eyes of physicists, Istituto Lombardo (Rend. Scienze) 153, 57-82 (2019)

- Massimo Montanari, Il mito delle origini. Breve storia degli spaghetti al pomodoro, Laterza, 2019

- "Scienza in cucina" di Dario Bressanini, http://bressanini-lescienze.blogautore.espresso.repubblica.it/